超可爱
图案面包

（日）Ran　著

王春梅　译

辽宁科学技术出版社
·沈阳·

目录 Contents

Part 01 动物系列图案面包
小熊 / 熊猫 / 小兔子 / 蝴蝶

Part 02 花卉水果系列图案面包
罂粟花 / 玫瑰花 / 西瓜 / 柠檬 / 奇异果 / 小碎花

欢迎光临
图案面包的世界

初次见面，请多关照，我是Ran。

我喜欢做面包，也喜欢吃面包，所以已经开设了自己的面包教室。自从两年前开始在网络上介绍了图案面包食谱之后，就收获了来自世界各地的热烈反响。曾经给家人朋友带来过喜悦的图案面包世界，变得越来越宽广，这让我心里充满了惊喜。

图案面包就像金太郎的糖果一样，无论怎么切割开，都能展现出可爱的花纹。貌似工艺复杂，但只要掌握了简单易懂的**窍门，即使**是初学者也能轻松上手。

如今，我很高兴可以通过这样一本书的形式向各位**介绍图案**面包。为了便于初学者掌握，本书中介绍了20款简单易做的**食谱**。请先按照食谱中介绍的内容操作，即使成果与图片不符也完全不**要在意**。

图案面包的最大好处，就是没有绝对的"标准答案"。享受制作的过程，品尝可口的味道。有图案面包的地方，就充满了快乐的欢笑。如果大家也能享受这样的喜悦，我就会感到无比幸福。

图案面包的魅力

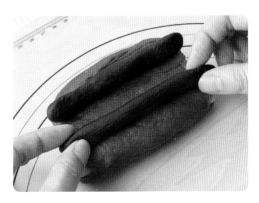

再切一刀是什么样子呢?

面包出炉的时候是筒状的。"味道怎么样呢？"一边担心着，一边用刀切开面包……每一刀切下去，都会发现花纹有着微妙的变化，好有趣啊！每次切面包的时候都有小兴奋呢！

制作工艺欢乐无限!

制作图案面包的过程非常简单。充分发挥自己的想象力，配着每一个部分的色彩，把各种色彩组合在一起。恍惚之间又想起了童年时钟爱的橡皮泥!

蓬松口感回味无穷!

烘焙面包的香味和新鲜出炉的口感令人难忘！转瞬之间，家里就会充满幸福的味道。外皮酥脆，组织蓬松，形状圆润可爱！切成薄厚适度的面包片，小朋友也可以随意拿来当茶点食用。

餐桌的主角!

图案面包不仅在家里可以成为餐桌的主角，更能被当成美食带去朋友家或者野餐地点。只是简单地装到盘子里，就会吸引大家的视线。一不留神就会变成大家讨论的热门话题。

Life with *illustrations* Bread

拥有图案面包的生活

TOAST

做成吐司片

就连普普通通的吐司片，也会因为手绘风格演绎出如此这般低调的奢华。把吐司片切得厚一点儿并略微烘烤一下，就能做出外皮酥脆、组织松软的烤吐司片。如果你喜欢，还可以涂一些可口的果酱或黄油。

RUSK

制作方法 P.42

做成面包干

面包切成薄片以后再次烘烤，出炉后涂上黄油和细砂糖做成面包干。一枚一枚单独包装起来的面包片是既轻便又美味的伴手礼。这样的面包干保质期较长，如果不小心烤了太多的面包，也可以这样处理以便长期保存。

SANDWICH

做成三明治

利用图案面包，可以很简单地
做出大受孩子们欢迎的卡通
便当！面包切成薄片，去掉面
包边，再把喜欢的食材夹在里
面就是靓丽的三明治了。你是
否能够想象到孩子们打开便
当盒那一瞬间露出的笑脸？♡

PRESENT

现场操作

面包出炉后不要切开，直接包装起来。然后带着小面板和面包刀，在大家面前展示切分的过程。毫无疑问，气氛会非常热烈。

Basic Tools

需要提前准备的基本工具

以下介绍制作图案面包时所需的工具。
仝部都是制作面包或点心所需的基本工具，准备齐全操作才更加便利。

{ 计量 }

盆

一般来讲，制作面包过程中需要观察面团发酵的状态，所以推荐使用透明盆。制作图案面包的时候，各种不同颜色的面团需要分别发酵，因此，要放在面板+烘焙纸上发酵，所以不使用透明盆亦可。

计量勺和量杯

用于称量基本面团和色素粉。我使用的是1/2小勺、1/3小勺等分量小于1毫克的计量勺套装。

电子秤

正确地称重，是制作图案面包过程中的重中之重。推荐使用刻度精确到0.1mg的电子秤。

{ 揉面 }

面板和防滑垫

我使用的是面点制作专门店CUOCA独创的操作面板。但只要能保证充足的操作面积，也无须计较面板品牌。我还会在面板下面铺一张防滑垫。

干粉瓶

面团过于粘手，导致无法顺利揉面或整形时，需要撒一些干粉。提前把高筋面粉装进干粉瓶中，需要的时候拿取非常方便。

切面刀

用于混合、分割、切取面团等各种各样的场合。我使用的是塑料切面刀。

擀面杖

表面有细腻的凹凸纹理，可以一边擀平面团一边排净空气。也可以使用普通擀面杖。

湿巾

在塑形过程中，为防止面团过早干燥，可以在上面覆盖一张湿巾。当然，也可以直接把盆翻扣在面团上。

{ 发酵和烘焙 }

烤盘和烘焙纸

利用微波炉发酵，所以需要一次发酵、整形、二次发酵的时候，我通常都把面团放在烤盘+烘焙纸上面。

筒形车轮模

本书中的图案面包，都是使用浅井商店的"超级不粘涂层模型"（小号，约200mm×108mm×95mm）烘焙的。如果使用非不粘模型的话，可以提前在模型内涂油避免无法脱模。也可以使用其他切片面包模型代替。

烤箱

具备发酵功能的烤箱更加便利。

家用面包机

时间有限的时候，可以借助家用面包机制作面团。还可以用来多种着色。

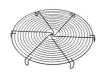

冷却架

把新鲜出炉的面包放在冷却架上。圆形、方形均可。图片中是表面不容易粘连的冷却架，便于使用。

切割用面板

只要大小足够用来放置新鲜出炉的面包，木质、橡胶、塑料等任何材质均可。

面包刀

我喜欢使用瑞士刀具品牌威戈家（Wenger）的SWIBO面包刀。切割效果、耐久性、操控性都无可挑剔！非常便于使用。

{ 需要提前准备的基本材料 }

用于制作图案面包面团的基本材料。一般市面销售的商品即可。

高筋面粉

小麦粉中麦麸质含量最高、弹性最强的面粉。最适合用来制作面包面团。

干酵母

含有酵母菌，发酵后会产生大量碳酸气体。用于实现面包面团膨胀。

无盐黄油

使用前置于室温，使其质地变软备用。

低筋面粉

麦麸质含量较少。使用低筋面粉，可以让面包组织变得更加蓬松柔软。

盐

盐，可以让面包味道更丰富，还可以增加面包组织的弹性，更可以起到防止细菌繁殖的作用。

鸡蛋

使用前恢复至室温备用。

黄砂糖

同时具备甘蔗的口味和矿物质的醇香，风味独特。口感顺滑，呈淡褐色。

脱脂奶粉

如果没有，也可以不用。

温水

大约35℃。不需要刻意测量，用手指接触时有温热感即可。

How to Make a Basic Bread
图案面包的基础制作方法

最初的制作面团、着色、发酵等工序，基本可以通用在所有图案面包款式中。
只要牢记这些基本的"关键步骤"，做出自己原创的图案面包不是梦！

图案面包的
制作流程

\ 试试看! /

制作面团
（ P.13 ~ P.15 ）
⇩
着色
（ P.15 ~ P.16 ）
⇩
一次发酵，排气
（ P.17 ）
⇩
整形
（ P.17 ~ P.18 ）
⇩
二次发酵
（ P.19 ）
⇩
烘烤
（ P.19 ）
⇩
冷却
（ P.19 ）
⇩
切割
（ P.19 ）

制作面团 | 首先从这里开始。
本书中所有的图案面包都使用相同分量的材料。

【材料】（约200mm × 108mm × 95mm的筒形车轮模1个份）

高筋面粉…200g
低筋面粉…50g
黄砂糖…2大勺
干酵母…1小勺
盐…2/3小勺
脱脂奶粉…10g

A ⎡ 鸡蛋…1个
温水…90 ~ 100g
（ 鸡蛋与温水合计150g ）

黄油…25g

※ 温水大约35℃（手触感觉有温度即可）
※ 黄油在室温中软化

---

1 称量

小盆放置在电子秤上，调至归零。一边称量A和黄油以外的材料，一边把各种材料都放入盆中。

要点

可以用家用面包机加工面团

使用家用面包机的"面包面团"功能（型号不同，按键表示也有可能为"揉面"），即可轻松做出面包面团。

---

2 混合材料

加入混合在一起的A材料（**a**），然后用刮板切割式混合（**b**）。最后团成一个完整的面团（**c**）。

a

b

c

要点

右手向左斜上方揉按，并揉开面团（d）→放松手上的力量，回到原来的位置。同时把面团一起带回来。此时面团为椭圆形（e）。接下来，左手向左斜上方揉按，并揉开面团（f）→放松手上的力量，回到原来的位置。接下来是右手。就这样左右交替节奏按揉面团。

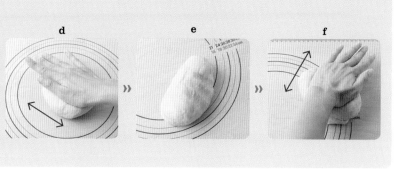

d   e   f

---

3 揉面

从盆中取出面团，放在面板上。用手掌接近手腕一侧，压上身体的力量向前方按压揉面团。

4 确认

揉面时间需要5~6分钟，直到干粉全部消失。用手指把面团抻开到透明的程度，只要不破开即可。

---

5 放上黄油

把面团揉成直径20cm左右的圆片，然后把无盐黄油满满地涂在上面。

6 揉入黄油

从靠近身体一侧开始卷面团（g），封口处朝下放。左手按住，用右手手掌把面团推开在面板上（h）。不断变换位置按压面团，直到黏稠感消失。

g

h

---

7 揉面团

继续仔细揉5~6分钟（i），用手指把面团抻开到透明的程度，只要不破开即可。

i

j

用手把面团表面揉光滑，面团收口卷在下面（**k**），用手指捏实（**1**）。

k

l

面包面团！

Coloring 着色

我个人倾向于不使用人工色素，而选择对身体无害的自然素材颜色。温水的分量，可以根据面粉的分量适度增减。

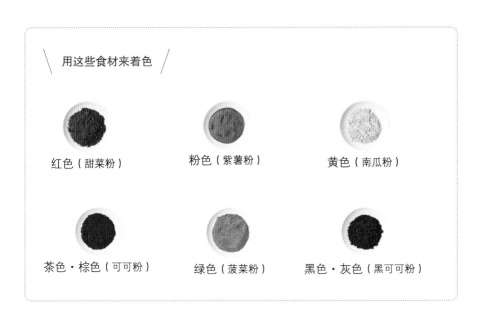

用这些食材来着色

红色（甜菜粉）　　粉色（紫薯粉）　　黄色（南瓜粉）

茶色・棕色（可可粉）　　绿色（菠菜粉）　　黑色・灰色（黑可可粉）

1 在颜色粉末中加入一点点温水。※一边观察状态，一边一点点地续水。

2 用勺子搅拌。

3 不需要搅拌至完美的糊状，可以稍微留一些粉块。略有干燥也可以。

4 放在已经被称量、切割、摊开的面团上。

5 从靠近身体一侧开始卷面团（a），封口处朝下放。左手按住，用右手手掌把面团推开在面板上（b）。

a

b

要点 着色也可以利用家用面包机

首先从基本面团中分出需要着色的部分。然后加入用温水溶化好的粉末，利用面包机搅拌均匀。

6 如果面团粘手，可以稍加一些高筋面粉。

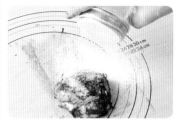

7 搅拌到颜色均匀、面团成团而且不粘手的时候，用手把面团表面揉光滑，面团收口卷在下面（c），用手指捏紧（d）。

c

d

First Fermentation
一次发酵，排气

做面包所必需的程序，要认真操作，千万不能偷懒。

1 一次发酵

把着色完毕的面团放在铺好了烘焙纸的烤盘上（**a**）。利用烤箱的发酵功能，30℃发酵40分钟（**b**）。

a

b

2 排气

把面团翻过来，用手啪哒啪哒拍一拍来排出中间的气体。

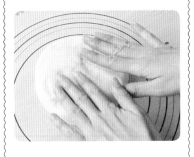

3 揉圆

用手把面团表面揉光滑，面团收口卷在下面（**c**），用手指捏（**d**）。

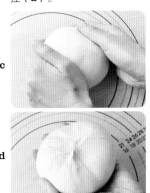
c

d

Formation
整形 #01

在制作图案面包过程中，经常需要操作的步骤要点。

称量

一边用切面刀把面团分割成一小块一小块（**a**），一边用电子秤称量（**b**）。对于制作面包和甜点来说，正确的称量尤为重要。即使一点点的误差，都有可能成为失败的原因。请大家注意哦！

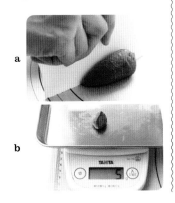
a

b

搓成棒状

本书所述的食谱中，"搓成约15cm长的棒状"是最经常出现的操作。考虑到我们将使用直径20cm的模型和面团膨胀的状况，15cm的长度最合适。用手指尖把揉圆的面团慢慢搓开。最初用双手的食指（**a**）来搓开，变长以后可以用食指、中指和无名指来操作（**b**）、（**c**）。

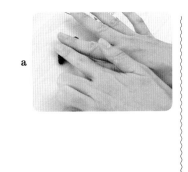
a

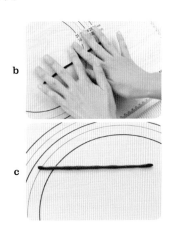
b

c

在制作图案面包过程中，经常需要操作的步骤要点。

擀平

把面团搓成约15cm长的棒状以后，还经常需要进行用擀面杖将其擀平的操作，请大家牢记（a）。这种操作的目的有很多，例如包裹住眼睛或鼻子部分的材料（b）、制作心形或电车图案、塑造形状（c）等，用途不同的时候，需要相应地改变材料厚度。

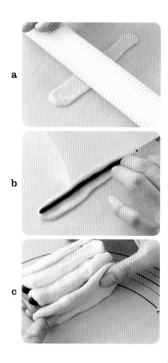

要点

需要转移面团的时候，可以利用切面刀从面板上剥离面团。

擀成四边形

用来包裹组合材料的面团，应该尽可能擀成平整的四边形。

擀面杖从面团的中间开始擀。两端稍微留厚一些。

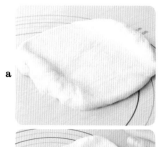

把面团旋转180°（a），再次用擀面杖擀开（b）。

再次旋转面团后，用擀面杖擀开。反复擀成平整的四边形。

包裹住其他部分

用来包裹其他细节的部分，或者用来做最后的整形时，也是同样的方法。

把其他部分的材料放在已经擀成四边形的面团正中间。

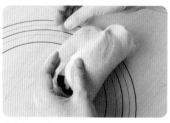

从靠近身体一侧提起面团。

与对面的面团对在一起，用手指把接头处压实。

把接口处摆放在下面，然后轻轻滚动压实。

Second Fermentation
二次发酵

也叫最终发酵，此时面团膨胀到成品的70%左右。

1 放入模型中

整形结束后，把接口处朝下摆放进模型正中间。

2 发酵

放入40℃烤箱中，使用发酵功能发酵20分钟左右。

建议面团膨胀后的体积为模型的70%左右即可。

Bake
烘烤

二次发酵结束以后，总算能够进入烘烤阶段了。
距离可爱的图案面包出炉不远啦！

1 用烤箱烘烤

放入预热到180℃的烤箱中烘烤30分钟（在15分钟的时候，模型取出翻面）。

2 取出

烘烤时间结束后立即从烤箱取出，轻轻敲打几下模型的侧面，排放出面包内部的水蒸气。

3 冷却

取出面包，立着放在冷却架上自然冷却。

Cut
切割

不知道您需要尝试几次才能发现最美好的切割角度和方法。
但当您突然领悟的那一刻，才真正能体会到图案面包的乐趣！

充分冷却以后，用面包刀切开。一边慢慢向下压刀，一边缓缓切割。

\ 完成 /

本书的使用方法

本书中使用大量照片，尽可能详细易懂地介绍每一个制作过程。
请各位在动手操作之前，仔细阅读本页内容。

用★表现难易程度。随着★数量的增加，难度也会提高。当然，您也可以选择自己喜欢的款式来操作。

整形之前，要再次更加仔细地称量、切割。

整形后一边想象切面图案，一边确定面团的配比。需要特别注意的是，对于细节的部分，对形状要求严格的部分，要在周围加强贴合度。

整形完成后，接口处向下放入模型中。

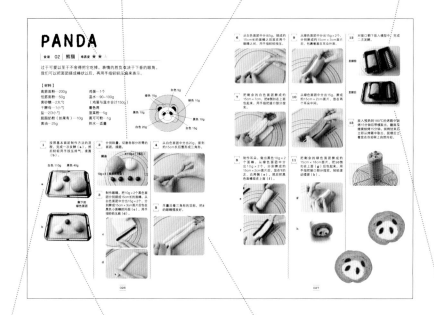

这是第一次发酵后的状态。请按照推荐的发酵程度操作。

对图案面包的基本面团进行分割、着色、一次发酵。

整形操作过程中如果有不明确的步骤，请参考基本做法的内容。

二次发酵的时候，面团的体积约为模型大小的70%。请按照推荐的发酵程度操作。

※ 计量单位：1杯=200mL，1大勺=15mL，1小勺=5mL。
※ 使用的各种原材料：砂糖指黄砂糖，盐指食盐，鸡蛋指M号，黄油指无盐黄油。
※ 温水约为35℃（用手指接触时有温热感即可）。
※ 加热时间为使用600W微波炉时的基准时间。不同厂家、不同型号的微波炉或烤箱，所需的加热时间可能不同，请根据实际情况适当增减。
※ 使用微波炉或烤箱加热的时候，请按照说明书的要求，选择合适的耐热容器。
※ 烘焙刚刚结束后，烤箱和模型非常热，请注意。

动物
系列图案面包

呆萌的表情可爱无比♡
会出现什么样的笑脸呢?
这正是切面包时的乐趣所在!

蝴蝶
BUTTERFLY
制作方法 **P.32**

熊猫
PANDA
制作方法 **P.26**

小兔子
RABBIT
制作方法 **P.30**

小熊
BEAR
制作方法 **P.24**

食谱 01
BEAR
小熊

食谱 02
PANDA
熊猫

BEAR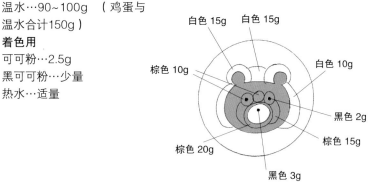

食谱	01	小熊	难易度 ★ ★ ☆

每片表情都有微妙差异的可爱小熊。被它盯着看的时候，简直要被萌翻啦！换成白色材料的话就是小白熊先生哦。

【材料】

高筋面粉…200g　　　　鸡蛋…1个
低筋面粉…50g　　　　温水…90~100g　（鸡蛋与
黄砂糖…2大勺　　　　温水合计150g）
干酵母…1小勺　　　　**着色用**
盐…2/3小勺　　　　　可可粉…2.5g
脱脂奶粉（如果有）…10g　黑可可粉…少量
无盐黄油…25g　　　　热水…适量

白色 15g　白色 15g
棕色 10g　　　　白色 10g
黑色 2g
棕色 20g　　　　棕色 15g
黑色 3g

---

1 按照基本面团制作方法的流程，完成一次发酵（a）。然后轻轻用手按压排气，揉圆（b）。

剩下的白色面团　棕色 130g

a

黑色 7g

b

---

2 分别称量，切割各部分所需的面团，揉圆

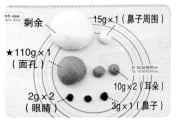

剩余
15g×1（鼻子周围）
★110g×1（面孔）
10g×2（耳朵）
2g×2（眼睛）
3g×1（鼻子）

3 制作眼睛。把2g×2个黑色面团搓成15cm长的棒状。从棕色面团中分出10g×2个，分别擀成15cm×3cm片后包在黑色小面棒的外面。用手指把对接部分捏实，轻轻滚动揉搓。

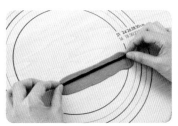

---

4 制作鼻子。把3g黑色面团搓约15cm的面棒。再把15g白色面团擀成15cm×3cm的薄片，然后包在黑色小面棒的外面（c）。用手指把接口部分捏实，轻轻滚动揉搓。继续从棕色面团中分出20g，用已经被擀成15cm×3cm的面片包起来。用手指把接口部分压实，轻轻滚动揉搓。

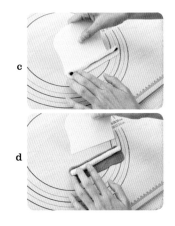

c

d

5 从棕色面团中分出15g×2个，分别搓成15cm长的面棒之后放在**4**的鼻子左、右两侧。

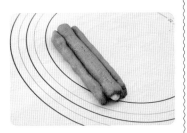

6 把**3**的眼睛放在**5**的上面（**e**）。把10g棕色面团搓成约15cm长的面棒，放在两个眼睛之间，用手指轻轻按压（**f**）。

e

f

7 把剩余的棕色面团擀成约15cm×7cm，放在**6**上包起来。用手指把接口部分捏实，轻轻滚动揉搓。

8 从白色面团中分出10g×2个，分别擀成15cm×2cm的面片。然后放在**7**的面孔左、右两侧。

9 制作耳朵。做出棕色10g×2个面棒，想象合适的位置，然后放在面孔两端白色面团上。

10 从白色面团中分出15g×2个，分别擀成15cm×2cm的面片，然后以包裹的方式盖在**9**的耳朵上（**g**）。再分出15g白色面团，搓成15cm的面棒，放在两个耳朵中间（**h**）。

g

h

11 把剩余的白色面团擀成约15cm×18cm面片，把**10**倒扣在上面（**i**）。从靠近身体一侧提起面团，包裹里面的材料。用手指把接口部分捏实，轻轻滚动揉搓（**j**）。

i
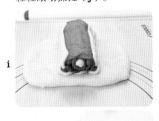

j

12 接口处朝下放入模型中，完成二次发酵。

发酵前
发酵后

13 放入预热到180℃的烤箱中烘烤15分钟后带模取出，翻面后继续烘烤15分钟。烘烤结束后立即从烤箱中取出，脱模后立着放在冷却架上自然冷却。

PANDA

过于可爱以至于不舍得把它吃掉。表情的胜负取决于下垂的眼角。
我们可以把面团搓成棒状以后，再用手指轻轻压扁来表示。

【材料】

高筋面粉…200g

低筋面粉…50g

黄砂糖…2大勺

干酵母…1小勺

盐…2/3小勺

脱脂奶粉（如果有）…10g

黄油…25g

鸡蛋…1个

温水…90~100g

（鸡蛋与温水合计150g）

着色用

菠菜粉…5g

黑可可粉…1g

热水…适量

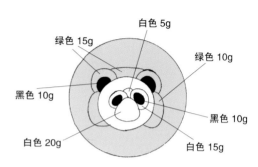

白色 5g
绿色 15g
绿色 10g
黑色 10g
黑色 10g
白色 20g
白色 15g

---

1 按照基本面团制作方法的流程，完成一次发酵（a）。然后轻轻用手按压排气，揉圆（b）。

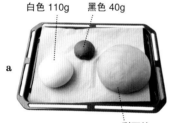

白色 110g　黑色 40g

a

剩下的绿色面团

b

2 分别称量，切割各部分所需的面团，揉圆。

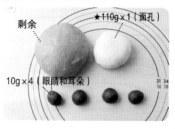

剩余

★110g×1（面孔）

10g×4（眼睛和耳朵）

3 制作眼睛。把10g×2个黑色面团分别搓成15cm长的面棒。从白色面团中分出15g×2个，分别擀成15cm×3cm面片后包在黑色小面棒的外面（c）。用手指轻轻压扁（d）。

c

d

4 从白色面团中分出20g，搓到约15cm长后整形成三角形。

5 尽量沿着三角形的顶部，把3的眼睛摆放好。

---

6 从白色面团中分出5g，搓成约15cm长的面棒之后放在两个眼睛之间，用手指轻轻按压。

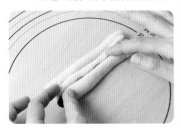

7 把剩余的白色面团擀成约15cm×7cm，把**6**倒扣在上面包起来。用手指把接口部分捏实。

8 制作耳朵。做出黑色10g×2个面棒。从绿色面团中分出10g×2个，分别擀成约15cm×2cm面片后，放在**7**的左、右两侧（e）。然后把黑色面棒放在上面（f）。

e
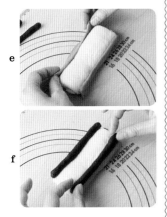
f

9 从绿色面团中分出15g×2个，分别擀成约15cm×3cm面片后，包裹着盖在耳朵外面。

10 从绿色面团中分出15g，擀成约15cm×2cm面片，放在两个耳朵中间。

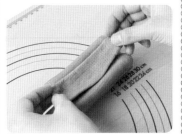

11 把剩余的绿色面团擀成约15cm×18cm面片，把**10**倒扣在上面（g）后包起来。用手指把接口部分捏实，轻轻滚动揉搓（h）。

g

h

12 对接口朝下放入模型中，完成二次发酵。

发酵前

发酵后

13 放入预热到180℃的烤箱中烘烤15分钟后带模取出，翻面后继续烘烤15分钟。烘烤结束后立即从烤箱中取出，脱模后立着放在冷却架上自然冷却。

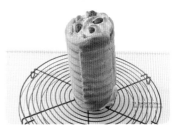

RABBIT

让嘴角轻轻上扬，能更显生动可爱。来一个微笑着的可爱表情吧！

【材料】

高筋面粉…200g	鸡蛋…1个
低筋面粉…50g	温水…90～100g
黄砂糖…2大勺	（鸡蛋与温水合计150g）
干酵母…1小勺	**着色用**
盐…2/3小勺	可可粉…3g
脱脂奶粉（如果有）…10g	紫薯粉…1g
黄油…25g	黑可可粉…少量
	热水…适量

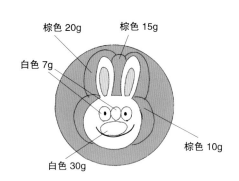

棕色 20g　棕色 15g
白色 7g
棕色 10g
白色 30g

1 按照基本面团制作方法的流程，完成一次发酵（**a**）。然后轻轻用手按压排气，揉圆（**b**）。

白色 140g　粉色 20g

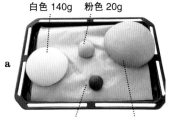

a

黑色 11g　棕色 剩余

b

2 分别称量，切割各部分所需的面团，揉圆。

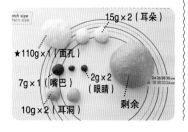

15g×2（耳朵）
★110g×1（面孔）
7g×1（嘴巴）
2g×2（眼睛）
10g×2（耳洞）
剩余

3 制作眼睛。把2g×2个黑色面团搓成约15cm长的棒状。从白色面团中分出7g×2个面团，擀成15cm×1.5cm后，把黑色小面棒放在上面包起来。

4 制作嘴巴。从白色面团中分出30g，搓成约15cm长。把7g黑色面团擀成约15cm×2cm后，放在白色面棒上。注意把白色面团的下半部分和黑色面棒紧紧粘在一起。

5 制作耳朵。把10g×2个粉色面团搓成约15cm长的面棒。再搓出白色15cm×2个面棒后，放在粉色面棒下面（**c**）。对折，用手指轻轻压出兔子耳朵的形状（**d**）。

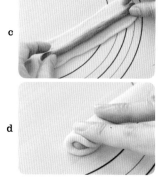

c

d

6 从白色面团中分出7g，搓成约15cm长的面棒。放在**4**的中间。

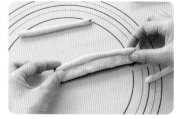

7 用**3**中制作的眼睛从两边轻轻夹住**6**中放上来的白棒。

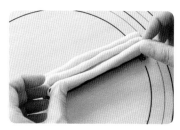

8 把剩余的白色面团擀成约15cm×7cm，把**7**放在上面（**e**）。然后从靠近身体一侧拉起面团包住中间的材料，最后用手指把接口部分捏实（**f**），轻轻滚动揉搓（**g**）。

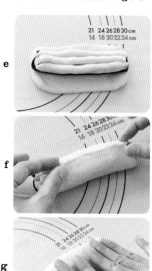

e

f

g

9 从棕色中分出10g×2个面团，搓成约15cm×1cm后，固定在**8**的侧面。

10 从棕色中分出15g面团，搓成约15cm长的面棒，用手指轻轻压扁后放在**9**的中间（**h**）。把**5**中制作的耳朵接头朝下，固定在左、右两边（**i**）。

h

i

11 从棕色中分出20g×2个面团，擀成约15cm×3cm，盖在两边耳朵的周围（**j**、**k**）。

j

k

12 把剩余的棕色面团擀成约15cm×18cm，把**11**倒扣在上面（**l**）。从靠近身体一侧拉起面团包住中间的材料，最后用手指把接口部分捏实，轻轻滚动揉搓（**m**）。

l

m

13 接口处朝下放入模型中，完成二次发酵。

发酵前

发酵后

14 放入预热到180℃的烤箱中烘烤15分钟后带模取出，翻面后继续烘烤15分钟。烘烤结束后立即从烤箱中取出，脱模后立着放在冷却架上自然冷却。

BUTTERFLY

食谱	04	蝴蝶	难易度 ★★☆

用紫薯粉着色，整体效果温柔和谐。虽然有人说这只蝴蝶看起来长得好像七星瓢虫一样，但重点在于"味道"非常棒！

【材料】

高筋面粉…200g

低筋面粉…50g

黄砂糖…2大勺

干酵母…1小勺

盐…2/3小勺

脱脂奶粉（如果有）…10g

黄油…25g

鸡蛋…1个

温水…90~100g

（鸡蛋与温水合计150g）

着色用

紫薯粉…3g

南瓜粉…1g

黑可可粉…少量

热水…适量

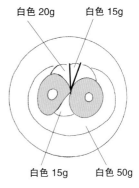
白色 20g　白色 15g
白色 15g　白色 50g

---

1 按照基本面团制作方法的流程，完成一次发酵（**a**）。然后轻轻用手按压排气，揉圆（**b**）。

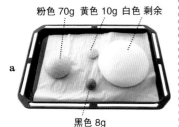
粉色 70g　黄色 10g　白色 剩余

a

黑色 8g

b

2 分别称量，切割各部分所需的面团，揉圆

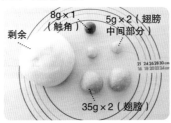
剩余
8g×1（触角）
5g×2（翅膀中间部分）
35g×2（翅膀）

3 制作翅膀。把5g×2个黄色面团分别搓成约15cm长的棒状。从粉色面团中分出35g×2个，分别包住黄色面棒。然后用手指把接口部分捏实，轻轻滚动揉搓。

4 制作触角。把黑色面团擀成约15cm×3cm的薄片。从白色面团中分出40g，搓成约15cm长的面棒，与黑色面团重合在一起（**c**）。用擀面杖固定好。

c

d

5 用切面刀把**4**分成两半（**e**），翻过来。从白色面团中分出15g，搓成约15cm长的面棒，夹在黑色面团之间（**f**）。黑色部分要整形成直角（**g**）。

e

f

g

6 从白色面团中分出15g，搓成约15cm长的面棒，然后捏成三角形（**h**）。把**3**分别放在两边（**i**）。然后把**5**放在上面（**j**）。

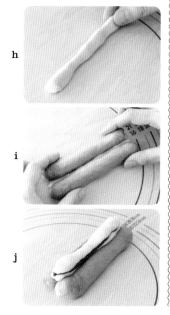

h

i

j

7 从白色面团中分出50g，擀成约15cm×10cm面片，然后把**6**放在上面并包起来（**k**）。接口处连接上与黑色面团重叠的白色面团（**l**）。

k

l

8 把剩余的白色面团擀成约15cm×18cm面片，把**7**倒扣放在上面包住。最后用手指把接口部分捏实，轻轻滚动揉搓。

9 接口处朝下放入模型中，完成二次发酵。

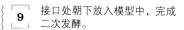

发酵前

发酵后

10 放入预热到180℃的烤箱中烘烤15分钟后带模取出，翻面后继续烘烤15分钟。烘烤结束后立即从烤箱中取出，脱模后立着放在冷却架上自然冷却。

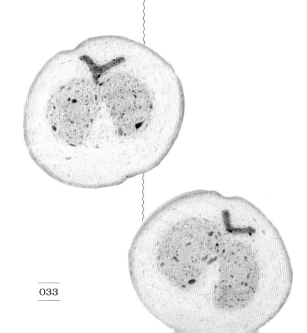

{ Ran's TALK }
语 录

这是我的食谱笔记。按照自己的设想，画出成品的草稿。然后考虑应该如何分配面团，如何进行搭配。

接触了网络之后，我收到了很多来自热心读者的"请教一教我如何制作图案面包吧！"的要求。这真是一件温暖的事情。把无意之中想到的事情做出来，竟然意外地收到了如此可爱的面包！这就是会令人深陷其中、难以自拔的图案面包世界。真希望有更多的人来分享这种乐趣，所以借此机会出版了此书。

但是，为了让从未接触过图案面包的人也能有所成就，就不得不把整形的方法精确到1g的单位，然后还要写出准确的食谱。这个过程的难度要远远超出我的想象！其实，我自己也曾经为了获得最佳效果反复尝试分割面团的方法。虽然我很担心过于细致的要求反而会让大家感到难以操作，但是还请各位在最初阶段按照食谱的内容来制作吧。

即使完全按照食谱的内容来操作，也可能由于天气或者微妙的原材料差异而导致成品不尽如人意。但这正是图案面包的乐趣所在！就像橡皮泥游戏一样，在切开之前根本猜测不到里面是什么样子。那种激动人心的感觉，那种切开瞬间的感动，无法用语言形容。

在图案面包的世界中，没有"失败"二字。任何一款都是世界上独一无二的。一起挑战仅属于您自己的图案面包制作吧！

Flower & Fruit

Part

02

花卉水果
系列图案面包

这个章节中都是女孩子们喜爱的图案。
每时每刻让餐桌明艳照人。

POPPY

食谱 05 | 罂粟花 | 难易度 ★ ★ ☆

用非常喜爱的罂粟花形象做成了图案面包。为了体现花瓣的圆润感，重点在于仔细增强花瓣与花瓣之间的缝隙连接。

【材料】

高筋面粉…200g

低筋面粉…50g

黄砂糖…2大勺

干酵母…1小勺

盐…2/3小勺

脱脂奶粉（如果有）…10g

无盐黄油…25g

鸡蛋…1个

温水…90~100g

（鸡蛋与温水合计150g）

着色用

甜菜粉…3g

南瓜粉…2g

黑可可粉…少量

热水…适量

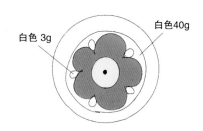

白色40g

白色 3g

---

1 按照基本面团制作方法的流程，完成一次发酵（**a**）。然后轻轻用手按压排气，揉圆（**b**）。

白色 剩余 黑色 5g 红色 130g

a

黄色 20g

b

2 分别称量，切割各部分所需的面团，揉圆

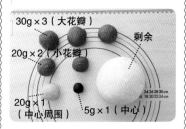

30g×3（大花瓣）

剩余

20g×2（小花瓣）

20g×1（中心周围）

5g×1（中心）

3 把黑色面团搓成约15cm长的棒状。把黄色面团擀成15cm×3cm的面片，包住黑色面棒。这就是花朵中心部分。

4 把30g×3个、20g×2个红色面团分别搓成约15cm长的棒状。从白色面团中分出3g×5个，分别搓成约15cm长的面棒。

5 把红色面棒（花瓣）按照大小的比例，比较均匀地包裹在**3**的周围。

---

6 在红色面棒（花瓣）之间，放4的白色面棒，用切面刀压紧（c）。为了体现出花瓣效果，这里需要下点儿小功夫（d）。

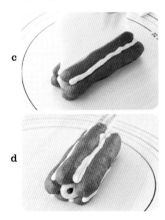

7 从白色面团中分出40g，擀成约15cm×15cm面片，然后把6放在上面以后包起来。最后用手指把接口部分捏实，轻轻滚动揉搓。

8 把剩余的白色面团擀成约15cm×8cm面片，把7放在上面（e）。从靠近身体一侧拉起面团包住中间的材料，最后用手指把接口部分捏实（f），轻轻滚动揉搓（g）。

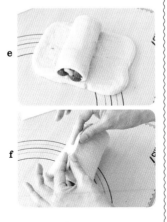

9 接口处朝下放入模型中，完成二次发酵。

发酵前

发酵后

10 放入预热到180℃的烤箱中烘烤15分钟后带模取出，翻面后继续烘烤15分钟。烘烤结束后立即从烤箱中取出，脱模后立着放在冷却架上自然冷却。

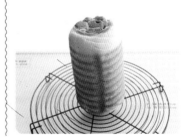

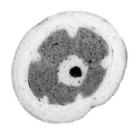

R◉SE

| 食谱 | 06 | 玫瑰花 | 难易度 ★ ★ ★ |

一朵优雅的玫瑰花，只要静静地摆放在那里，就会存在感十足。在 P.44中，会介绍减少花瓣数量、改为几朵小花的进阶篇（小碎花）制作方法。

【材料】

高筋面粉…200g

低筋面粉…50g

黄砂糖…2大勺

干酵母…1小勺

盐…2/3小勺

脱脂奶粉（如果有）…10g

无盐黄油…25g

鸡蛋…1个

温水…90～100g

（鸡蛋与温水合计150g）

着色用

甜菜粉…1.5g

菠菜粉…0.5g

热水…适量

白色 50g

白色 30g

白色10g

---

1 按照基本面团制作方法的流程，完成一次发酵（a）。然后轻轻用手按压排气，揉圆（b）。

a

白色 剩余　绿色 30g　红色 60g

b

---

2 分别称量，切割各部分所需的面团，揉圆。

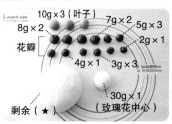

10g×3（叶子）　7g×2　5g×3

8g×2　　2g×2

花瓣　　　　　4g×1　3g×3

30g×1

剩余（★）　（玫瑰花中心）

---

3 把30g白色面团擀成约边长15cm的正方形薄片。然后把红色面团全部搓成约15cm长的面棒。从白色面团中分出2g×11个，搓成约15cm长的面棒。在靠近身体一侧，从细细的红色面棒开始，一根红色一根白色交替着把所有面棒都摆放在白色面片上。

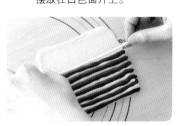

---

4 用擀面杖擀成约边长17cm的正方形。

---

5 把细细的红色面棒翻转过来，从靠近身体一侧开始卷。最后用手指把接口部分捏实，轻轻滚动揉搓。

6 从白色面团中分出30g，擀成约17cm×15cm的薄片，包裹住5。用手指把接口部分捏实，轻轻滚动揉搓。

7 把10g×3个绿色面棒分别搓成约17cm长的面棒。从白色面团中分出10g×3个，分别擀成约17cm×3cm面片，包住绿色面棒，把接口处捏紧。

8 从白色面团中分出50g，擀成约17cm长的面棒，然后把6放在上面（c）。把7的接口处朝内，分别摆放在左、右两边（d）。

c

d

9 同样，从白色面团中分出50g×2个，分别搓成约17cm长面棒，放在8的绿色面棒上。然后把剩余的绿色面棒放在中间。

10 把剩余的白色面团擀成约17cm×18cm面片，包住9。然后用手指把接口部分捏实，轻轻滚动揉搓。

11 接口处朝下放入模型中，完成二次发酵。

发酵前

发酵后

12 放入预热到180℃的烤箱中烘烤15分钟后带模取出，翻面后继续烘烤15分钟。烘烤结束后立即从烤箱中取出，脱模后立着放在冷却架上自然冷却。

【进阶食谱】
A r r a n g e
R e c i p e
01

制作面包片

把质地松脆、甘甜适中的面包片当成孩子们的小零食或者简单的伴手礼。放在干燥阴凉的地方，保质期可达2周，也可以用来处理剩余的图案面包。

试试看！

图案面包

【材料】

图案面包（切成约7mm厚）
……8枚
黄油……45g
细砂糖……25g

1 黄油放进微波炉（600W）中加热30~40秒，直到熔化。混入细砂糖搅拌均匀。

2 摆放在铺好了烘焙纸的烤盘上，放入预热至160℃的烤箱中烘烤约10分钟。

3 翻过来再烘烤8分钟。

4 用黄油刀把**1**的黄油均匀地涂抹在**3**上。

5 放入160℃的烤箱再次烘烤2分钟。

制作小碎花图案

正如一朵玫瑰花的经典图案能刷出爆棚的存在感，迷你尺寸的小碎花图案也别致可爱。花瓣数量和颜色可以根据不同需求而改变。来一起挑战一下你喜欢的格调吧！

FLOWER PATTERNS

| 食谱 07 | 小碎花 | 难易度 ★ ★ ★ |

几朵小玫瑰组合而成的小碎花图案。制作工艺并不复杂，但因为需要快速而精细地完成很细腻的操作，所以难度较大。当然，可爱程度也与挑战的难度相辅相成！

【材料】

高筋面粉…200g	鸡蛋…1个
低筋面粉…50g	温水…90～100g
黄砂糖…2大勺	（鸡蛋与温水合计150g）
干酵母…1小勺	**着色用**
盐…2/3小勺	甜菜粉…3g
脱脂奶粉（如果有）…10g	菠菜粉…0.5g
无盐黄油…25g	热水…适量

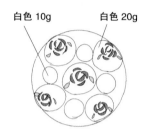

白色 10g　白色 20g

---

1 按照基本面团制作方法的流程，完成一次发酵（**a**）。然后轻轻用手按压排气，揉圆（**b**）。

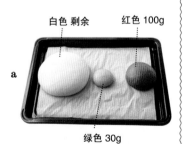

白色 剩余　红色 100g

a

b

绿色 30g

2 分别称量，切割各部分所需的面团，揉圆。

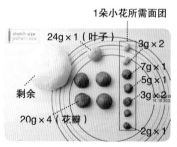

1朵小花所需面团

24g×1（叶子）

3g×2

7g×1

5g×1

剩余

3g×2

20g×4（花瓣）

2g×1

3 把1朵小花所需面团都搓成约15cm长的棒状。

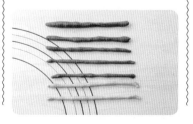

4 从白色面团中分出20g，擀成约15cm×7cm的薄片。把5根红色面棒按照由细到粗的顺序，从靠近身体一侧开始均匀地摆放在上面。

---

5 从白色面团中分出2g×4个，分别搓约15cm长的面棒，然后放在红色面棒中间。

6 用擀面杖轻轻擀一下，使其相互黏合好。

7 用切面刀把面片翻过来，让最细的红色面棒靠近身体一侧。然后从靠近身体一侧开始卷面片，用手把最后的接口处捏紧。

8 把**3**中的绿色面棒放在上面（**c**），翻过来再放一根绿色面棒。然后用手指轻轻按压（**d**）。

c

d

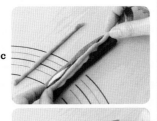

9 从白色面团中分出20g，擀成约15cm×5cm的薄片，包裹住**8**（**e**）。用手指把接口部分捏实，轻轻滚动揉搓（**f**）。按照同样的方法，一共制作出5根粗面棒。

e

f

10 从白色面团中分出10g，搓成约15cm长的面棒，放在两根小花材料的中间。

11 在**10**的上面再放一根小花材料。

12 从白色面团中分出10g×2个，分别搓成约15cm长的面棒。然后摆放在**11**的小花的左、右两侧。

13 在**12**中放好的白色面棒上面再摆放上花朵材料（**g**，**h**）。从白色面团中分出10g，搓成15cm长的面棒，放在小花材料之间（**i**）。

g

h

i

14 把剩余的白色面团擀成约15cm×18cm的面片，包住**13**（**j**）。用手指把对接部分捏实，轻轻滚动揉搓（**k**）。

j

k

15 接口处朝下放入模型中，完成二次发酵。

发酵前

发酵后

16 放入预热到180℃的烤箱中烘烤15分钟后带模取出，翻面后继续烘烤15分钟。烘烤结束后立即从烤箱中取出，脱模后立着放在冷却架上自然冷却。

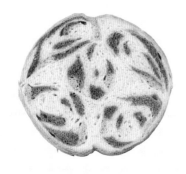

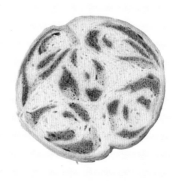

推荐
初学者
尝试!

| 食谱 | **08** | **西瓜** | 难易度 ★ ☆ ☆ |

本书中非常简单的食谱之一，推荐刚刚接触图案面包的读者可以尝试一下。瓜皮、瓜白等都可以真实地再现出实物效果。切割的方法不同，西瓜的表情也会不一样哦！

【材料】

高筋面粉…200g
低筋面粉…50g
黄砂糖…2大勺
干酵母…1小勺
盐…2/3小勺
脱脂奶粉（如果有）…10g
无盐黄油…25g

鸡蛋…1个
温水…90~100g
（鸡蛋与温水合计150g）

着色用
甜菜粉…6g
菠菜粉…3g
黑可可粉…2g
热水…适量

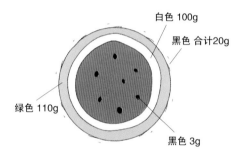

白色 100g
黑色 合计20g
绿色 110g
黑色 3g

---

1 按照基本面团制作方法的流程，完成一次发酵（**a**）。然后轻轻用手按压排气，揉圆（**b**）。

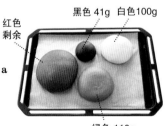

红色剩余
黑色 41g　白色100g

a

绿色 110g

b

2 分别称量，切割各部分所需的面团，揉圆。

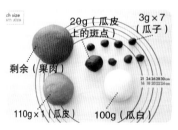

20g（瓜皮上的斑点）
3g×7（瓜子）
剩余（果肉）
110g×1（瓜皮）
100g（瓜白）

3 制作瓜子。把3g×7个黑色面团分别搓成约15cm长的面棒。

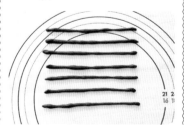

4 把红色面团擀成约15cm×22cm的薄片，然后把**3**适当地摆放上去。

5 从靠近身体一侧开始，慢慢把面片卷起来。这个过程中需要注意不能在面片卷里留下空气，保证面片压实（**c**）。然后用手指把接口部分捏实（**d**），轻轻滚动揉搓。

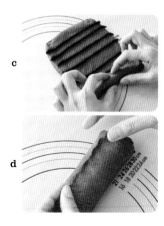

c

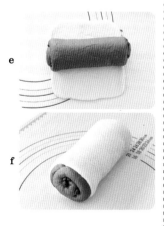

d

6 从白色面团中分出100g，擀成约15cm×15cm的薄片，放在**5**的下面（**e**）。从靠近身体一侧提拉起面片，包裹住**5**。用手指把接口部分捏实，轻轻滚动揉搓（**f**）。

e

f

7 从绿色面团中分出110g，擀成15cm×18cm的面片（**g**）。从黑色面团中分出20g，拉成2cm厚度，然后用切面刀适当切开（**h**）。

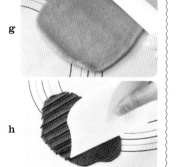

g

h

8 把黑色面片随意地摆放在**7**的绿色面片上，用擀面杖压实（**i**）。翻过来，擀成边长约18cm的四边形，把**6**包在里面（**j**）。用手指把接口部分捏实，轻轻滚动揉搓（**k**）。

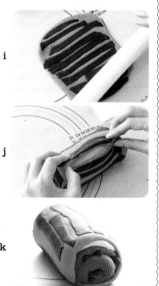

i

j

k

9 接口处朝下放入模型中，完成二次发酵。

发酵前

发酵后

10 放入预热到180℃的烤箱中烘烤15分钟后带模取出。翻面后继续烘烤15分钟。烘烤结束后立即从烤箱中取出，立着放在冷却架上自然冷却。

食谱 10
KIWI
奇异果

LEMON

把造型好的三角形柠檬果肉部分的顶点对准圆形中心点呈放射状排列。即使不能整齐划一，多少有点儿偏差也没关系，只要切面效果非常可爱就可以了！

【材料】

高筋面粉…200g

低筋面粉…50g

黄砂糖…2大勺

干酵母…1小勺

盐…2/3小勺

脱脂奶粉（如果有）…10g

黄油…25g

鸡蛋…1个

温水…90～100g

（鸡蛋与温水合计150g）

着色用

南瓜粉…12g

热水…适量

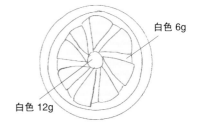

白色 6g

白色 12g

---

1 按照基本面团制作方法的流程，完成一次发酵（**a**）。然后轻轻用手按压排气，揉圆（**b**）。

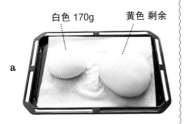

白色 170g　　黄色 剩余

a

b

---

2 分别称量，切割各部分所需的面团，揉圆。

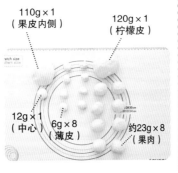

110g×1
（果皮内侧）

120g×1
（柠檬皮）

12g×1
（中心）

6g×8
（薄皮）

约23g×8
（果肉）

---

3 制作柠檬果肉。把23g×8个黄色面团分别搓成约15cm长的面棒，6g×8个白色面团分别擀成约15cm×3cm的薄片。黄色面棒放在白色面片上，用手指压实（**c**）。整理形成三角形，让其中一边是白色（**d**）。用同样的方法，一共制作8根这样的果肉部分。

c

d

---

4 把12g白色面团搓成约15cm长的面棒。

5 取4根**3**中的三角形，顶点聚集在一起摆好。

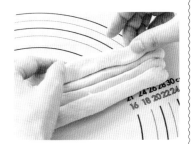

6 把**4**摆放在**5**的中心（**e**）。然后剩下的三角形也都围绕中心摆放好（**f**）。轻轻滚动，塑形成圆形（**g**）。

e

f

g

7 取110g白色面团，擀成约15cm×15cm的面片，放在**6**的下面。从靠近身体一侧开始，包住**6**。用手指把对接部分压实，轻轻滚动揉搓。

8 把120g黄色面团擀成15cm×18cm的面片，放在**7**的下面。从靠近身体一侧开始，包住**7**。用手指把接口部分压实，轻轻滚动揉搓。

9 对接口朝下放入模型中，完成二次发酵。

发酵前

发酵后

10 放入预热到180℃的烤箱中烘烤15分钟后带模取出，翻面后继续烘烤15分钟。烘烤结束后立即从烤箱中取出，脱模后立着放在冷却架上自然冷却。

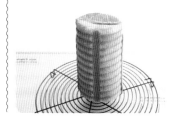

KIWI

食谱	10	奇异果	难易度 ★ ☆ ☆

除了加入芝麻这个工序以外，其他过程都非常简单。烘焙出炉的面包皮，颜色与奇异果的外皮非常神似！！水果系列图案面包都很可爱，我就格外钟情奇异果这一个♡

【材料】

高筋面粉…200g
低筋面粉…50g
黄砂糖…2大勺
干酵母…1小勺
盐…2/3小勺
脱脂奶粉（如果有）…10g
黄油…25g

鸡蛋…1个
温水…90~100g
（鸡蛋与温水合计150g）
熟芝麻……4g
着色用
菠菜粉…7g
可可粉…4g
热水…适量

绿色 60g

1　按照基本面团制作方法的流程，从绿色面团中分出60g，揉入芝麻。把生面团摊开，放上芝麻后，从靠近身体一侧开始卷起来（a）。接口处朝下，用手掌下半部按压着揉面（b）。芝麻与面团揉和均匀后，再把面团揉圆（c）。

a

b

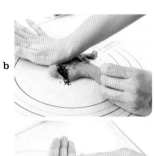

c

2　完成一次发酵（d）。然后轻轻用手按压排气，揉圆（e）。

白色24g（中心）　棕色170g（果皮）　绿色 剩余（果肉）

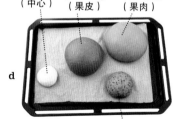

d

绿色（有芝麻）60g（种子）

e

3 把白色面团搓成约15cm长的面棒。

4 把有芝麻的绿色面团擀成约15cm×5cm的薄片，包住**3**。然后用手指把接口部分压实，轻轻滚动揉搓。

5 把绿色面团擀成约15cm×15cm的薄片，把**4**的接口处朝下放在上面，从靠近身体一侧开始用**5**的面片包起来。然后用手指把接口部分捏实，轻轻滚动揉搓。

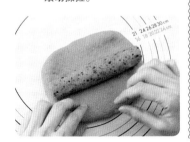

6 把棕色面团擀成约15cm×18cm的薄片，放在**5**的下面，**5**的接口处朝下（**f**），从靠近身体一侧开始把**5**包起来。然后用手指把接口部分捏实，轻轻滚动揉搓（**g**）。

f

g

专栏

过程中颜色发生变化也很可爱。

7 接口处朝下放入模型中，完成二次发酵。

发酵前

发酵后

8 放入预热到180℃的烤箱中烘烤15分钟后带模取出，翻面后继续烘烤15分钟。烘烤结束后立即从烤箱中取出，脱模后立着放在冷却架上自然冷却。

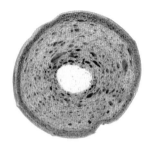

专栏

02

{ Ran's TALK }

语 录

电车

西瓜

小兔子

荷包蛋

斑马花纹

小碎花

拍照：拍摄动画的时候，就把手机固定在烤盘边上的小孔里拍摄。

　　从2014年8月开始接触网络，当时只是想把自己的生活记录在那里。陆陆续续，发现很多读者在网络中浏览我的创意，心情愉悦之下就渐渐增加了上传照片的数量。

　　之后，2014年11月上传了熊猫图案的面包之后，获得了强烈反响。而我自己也愈发沉浸在制作图案面包的乐趣当中，不知不觉就走到了今天。

　　无论是照片还是动画，全部用手机拍摄。想让读者们看到最真实的图案，所以几乎都是俯视拍摄，而且几乎都采用了相同的构图。大家制作图案面包以后，也可以把照片上传到网络哦！由衷期待早日欣赏到大家独创的图案面包。

迷彩花纹
CAMOUFLAGE
制作方法 P.62

斑马纹
ZEBRA PATTERNED
制作方法 P.66

豹纹
LEOPARD PRINT
制作方法 P.64

花纹
系列图案面包

惊鸿一瞥，印象深刻！
但是制作方法却非常简单，
推荐刚刚接触图案面包的新手尝试。

食谱 11
CAMOUFLAGE
迷彩花纹

食谱 12
LEOPARD PRINT
豹纹

推荐初学者尝试!

CAMOUFLAGE

| 食谱 11 | 迷彩花纹 | 难易度 ★ ☆ ☆ |

貌似难于上青天，但实则称量、塑形等，只要"差不多"即可。只要面团的长短差不多，厚度和幅宽无须过分纠结。把面团随意堆放在一起，效果就已经很不错啦！

【材料】

高筋面粉…200g
低筋面粉…50g
黄砂糖…2大勺
干酵母…1小勺
盐…2/3小勺
脱脂奶粉（如果有）…10g
无盐黄油…25g

鸡蛋…1个
温水…90~100g
（鸡蛋与温水合计150g）
着色用
可可粉…合计3.6g
（棕色3g、浅棕色0.6g）
菠菜粉…3g
黑可可粉…3g
热水…适量

1 按照基本面团制作方法的流程，完成一次发酵（**a**）。然后轻轻用手按压排气，揉圆（**b**）。

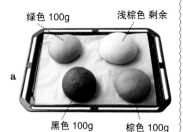

绿色 100g　　浅棕色 剩余

a

黑色 100g　　棕色 100g

b

2 把生面团分成4个淡棕色、2个绿色、2个棕色、3个黑色。因为"差不多"即可，故无须称量。整形揉圆。

3 把1个浅棕色面团擀成约15cm×5cm的薄片（**c**），把另一枚15cm×5cm的绿色薄面片放在上面（**d**）。

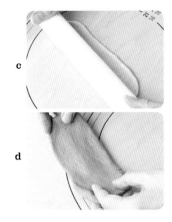

c

d

4 把1个黑色面团搓成约15cm长的面棒，放在**3**上面。用绿色面片紧紧包裹住黑色面棒。

5 同样，把颜色不同的面团适当地叠放在一起（**e**、**f**、**g**）。

e

f

g

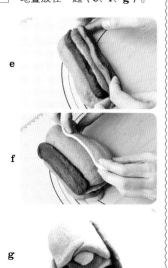

6 接口处朝下放入模型中，完成二次发酵。

发酵前

发酵后

要点

避免相同颜色的面团接触，成品会更漂亮。

7 放入预热到180℃的烤箱中烘烤15分钟后带模取出，翻面后继续烘烤15分钟。烘烤结束后立即从烤箱中取出，脱模后立着放在冷却架上自然冷却。

LEOPARD PRINT

食谱 | **12** | 豹纹 | 难易度 ★ ★ ☆

虽然视觉效果很华丽，可是制作方法很简单啊！做出14根相同的材料，需要反复操作，练就一副快手。但是别忘了，每根面棒的粗细差异和略有参差的排列方法，才是形成更加逼真的豹纹效果的关键。

【材料】

高筋面粉…200g
低筋面粉…50g
黄砂糖…2大勺
干酵母…1小勺
盐…2/3小勺
脱脂奶粉（如果有）…10g
无盐黄油…25g

鸡蛋…1个
温水…90 ~ 100g
（鸡蛋与温水合计150g）
着色用
可可粉…合计5.5g（棕色 1.5g、深棕色 4g）
黑可可粉…2g（与4g可可粉混合在一起，做出深棕色）
热水…适量

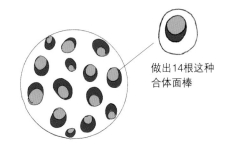

做出14根这种
合体面棒

---

1 按照基本面团制作方法的流程，完成一次发酵（**a**）。然后轻轻用手按压排气，揉圆（**b**）。

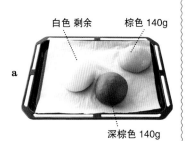

白色 剩余   棕色 140g

a

深棕色 140g

b

2 分别称量，切割各部分所需的面团，揉圆。

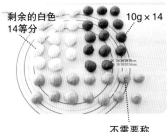

剩余的白色
14等分   10g × 14

不需要称
量，适当
大小 ×14

3 把棕色面团搓成约15cm长的面棒，深棕色面团擀成约15cm×3cm的薄面片，然后包裹住棕色面棒。

---

4 把白色面团擀成15cm×5cm的薄片，把**3**放在上面包起来（**c**）。然后用手指把接口部分捏实，轻轻滚动揉搓。

用同样的方法，一共制作14根面棒（**d**）。※如果棕色面棒太粗，有可能无法被浅棕色或白色面片包起来。不过没关系，尽量包起来即可。

c

d

要点

14根面棒的粗细、形状不需要完全一样。

5 直接放进模型中。一层3根（**e**）、二层和三层各4根（**f**）、四层3根。注意相同颜色和粗细的材料分开摆放。

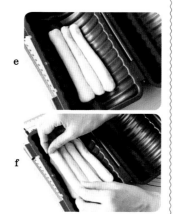

e

f

6 接口处朝下放入模型中，完成二次发酵。

发酵前

发酵后

7 放入预热到180℃的烤箱中烘烤15分钟后带模取出，翻面后继续烘烤15分钟。烘烤结束后立即从烤箱中取出，脱模后立着放在冷却架上自然冷却。

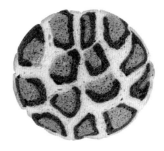

推荐初学者尝试!

ZEBRA PATTERNED

食谱	**13**	斑马纹	难易度	★ ☆ ☆

只有1种着色，直接把擀好的面团放进模型里，堆在一起即可。虽然工艺简单，但成品却很有特色。绝对能引领家庭派对里的哄抢风潮!

【材料】

高筋面粉…200g
低筋面粉…50g
黄砂糖…2大勺
干酵母…1小勺
盐…2/3小勺
脱脂奶粉（如果有）…10g
无盐黄油…25g

鸡蛋…1个
温水…90~100g
（鸡蛋与温水合计150g）
着色用
黑可可粉…8g
热水…适量

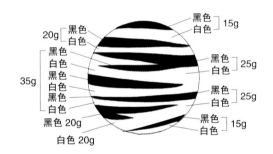

黑色/白色 15g
黑色/白色 20g
黑色/白色/黑色/白色/黑色/白色 35g
黑色/白色 25g
黑色/白色 25g
黑色 20g
白色 20g
黑色/白色 15g

---

1 按照基本面团制作方法的流程，完成一次发酵（a）。然后轻轻用手按压排气，揉圆（b）。

白色与黑色重叠

a

b

2 分别称量，切割各部分所需的面团，揉圆。

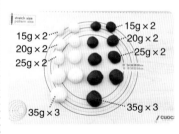

stretch size
pattern size
15g × 2
20g × 2
25g × 2
15g × 2
20g × 2
25g × 2
35g × 3
35g × 3
/ CUOCA

3 把白色15g×1个面团擀成约15cm×6cm的薄面片，放在模型中央。

4 用同样方法，把黑色15g×1个、白色20g×1个面团都擀成同样的薄厚（**c**），叠放在**3**上面（**d**）。

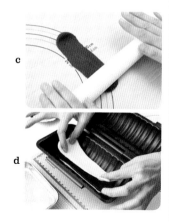

c

d

5 所有面片的长度和厚度都应该尽量聚齐（分量越多，左右越宽），按照黑色20g、白色25g、黑色25g、白色35g、黑色35g、白色35g、黑色35g、白色35g、黑色35g（分量小的在下面）的顺序，左右略有出入地叠放在一起。

6 同样，再按照白色25g、黑色25g、白色20g、黑色20g、白色15g、黑色15g（分量大的在下面）的顺序，左右略有出入地叠放在一起。

7 直接完成二次发酵。

发酵前

发酵后

8 放入预热到180℃的烤箱中烘烤15分钟后带模取出，翻面后继续烘烤15分钟。烘烤结束后立即从烤箱中取出，脱模后立着放在冷却架上自然冷却。

{ Ran's TALK }
语 录

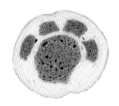

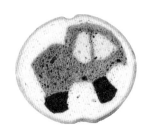

我在画蜜蜂和
蝴蝶!

纸张、蜡笔、彩铅等都随时
可以拿出来用。一直很佩服
儿子的色彩搭配和构图思维
（不好意思，我是儿子的粉
丝！）！

客厅一角摆放了很多幅儿子的画作，
大多数是花朵和小动物。

　　5岁的儿子非常喜爱画画，只要有纸和蜡笔，就能一个人画上好长时间。有一天我看着儿子画的小蜜蜂，忽然想到："要是把这个图案做成小面包，儿子会很开心吧？"尝试以后大获成功。儿子一边叫着"哇！好厉害！"，一边眼睛里闪着光，蹦来蹦去。看到儿子的笑容，我怎么可能不备受鼓舞呢！因为儿子的画作往往很简单，所以也很容易表现在图案面包中，这也是我的幸运之处。

　　图案面包也受到了来自儿子幼儿园里的好朋友、好朋友的妈妈们的赞扬。当我把整条面包带到派对，当着大家的面切开的时候，场面还挺轰动呢！图案面包周围，永远充满了欢笑！

小汽车
CAR
制作方法 P.82

电车
ELECTRIC TRAIN
制作方法 P.84

Sense of Fun

Part
04

天真烂漫
系列图案面包

这里都是能让餐桌永远充满乐趣的图案。
有小孩子的家庭一定要尝试一下！

荷包蛋
SUNNY-SIDE UP
制作方法 P.74

肉球
PCAD
制作方法 P.78

文本框
BALLOON
制作方法 P.76

食谱15
BALL ON
文本框

SUNNY-SIDE UP

| 食谱 | 14 | 荷包蛋 | 难易度 ★ ☆ ☆ |

忠实再现了荷包蛋小清新的风格。看起来好像面包片上真的有一个荷包蛋一样！这种小清新、小可爱的风格，完全可以用来做成材料丰富的三明治，非常适合带出去野餐时食用。

【材料】

高筋面粉…200g
低筋面粉…50g
黄砂糖…2大勺
干酵母…1小勺
盐…2/3小勺
脱脂奶粉（如果有）…10g
无盐黄油…25g
鸡蛋…1个
温水…90～100g
（鸡蛋与温水合计150g）

着色用
南瓜粉…6g
可可粉…1g
热水…适量
做三明治的材料
培根、芝士片、西红柿、生菜…各适量
配餐
薯条…适量

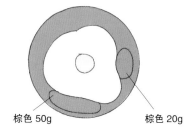

棕色 50g   棕色 20g

---

1 按照基本面团制作方法的流程，完成一次发酵（**a**）。然后轻轻用手按压排气，揉圆（**b**）。

棕色 剩余   黄色 60g（蛋黄）

a

白色 180g（蛋白）

b

2 制作蛋黄，把黄色面团搓成约15cm长的面棒。

3 制作蛋白。把180g白色面团擀成约15cm×10cm的薄片，包住**2**。用手指把接口部分捏实，轻轻滚动揉搓。

4 把棕色面团分成50g和20g，分别搓成15cm长的面棒。适当地摆放在**3**的侧面。

5 剩余的棕色面团擀成15cm×18cm的薄片，放在**4**上面（**c**）。从靠近身体一侧提起面团，包裹里面的材料。用手指把接口部分捏实，轻轻滚动揉搓（**d**）。

c

d

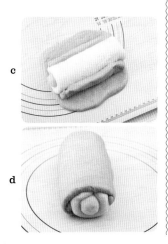

6 接口部分朝下放进模型中，完成二次发酵。

发酵前

发酵后

7 放入预热到180℃的烤箱中烘烤15分钟后带模取出，翻面后继续烘烤15分钟。烘烤结束后立即从烤箱中取出，脱模后立着放在冷却架上自然冷却。

8 切成符合个人要求的厚度，把芝士片、生菜、培根、西红柿片夹在里面，放到容器中。最后点缀上配餐用的薯条。

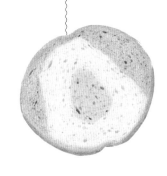

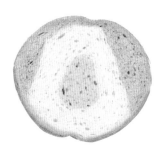

BALL○ON

食谱 15 文本框 难易度 ★ ★ ★

享受在文本框面包中留下小讯息的快乐，果然是"绝无仅有"的
小面包！老公和儿子相互在面包上留言，玩儿得不亦乐乎。

【材料】

高筋面粉…200g   鸡蛋…1个
低筋面粉…50g   温水…90~100g
黄砂糖…2大勺   （鸡蛋与温水合计150g）
干酵母…1小勺   **着色用**
盐…2/3小勺   黑可可粉…1g
脱脂奶粉（如果有）…10g   热水…适量
黄油…25g

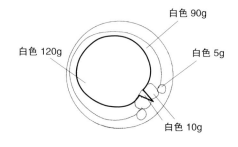

白色 90g
白色 120g
白色 5g
白色 10g

---

1 按照基本面团制作方法的流程，完成一次发酵（**a**）。然后轻轻用手按压排气，揉圆（**b**）。

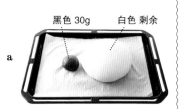

黑色 30g   白色 剩余

a

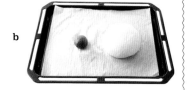

b

2 分别称量，切割各部分所需的面团，揉圆。

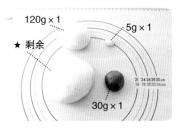

120g × 1
5g × 1
★ 剩余
30g × 1

3 从白色（★）中分出10g × 2个、5g × 2个和90g × 1个。把120g白色面团搓成约15cm长的面棒。

4 把黑色面团擀成边长约15cm的正方形，厚度为1~2mm。用切面刀从端部取下2cm左右面片，然后二等分。

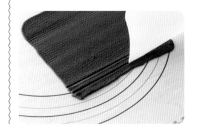

5 把5g白色搓成约15cm长的面棒，用手指捏成三角形（**c**）。把**4**中切下来的黑色面片粘贴在三角形顶部，不要留出三角形顶点的白色（**d**）。

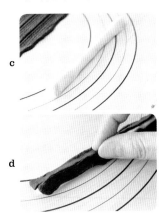

c

d

6 把**3**包裹在剩余的黑色面片里，然后把**5**放在黑色面片的缝隙处（**e**）。用切面刀仔细地把黑色面片都粘在一起，不要露出白色（**f**）。

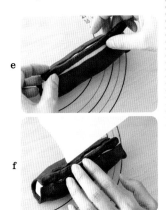

e

f

7 把10g×2个白色面团分别搓成约15cm长的面棒，固定在**6**中突出的部分。再次用手指捏成三角形。

8 把白色90g面团擀成边长约15cm的正方形，然后把**7**放在上面包住（**g**）。白色5g×2个面团都搓成15cm长的面棒，固定在**7**中突出部分的左右（**h**）。

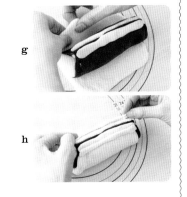

g

h

9 把剩余的白色面团擀成约15cm×18cm的面片，把突出部分横过来包住。然后用手指把接口部分捏实以后，轻轻滚动揉搓。

10 接口部分朝下放进模型中，完成二次发酵。

发酵前

发酵后

11 放入预热到180℃的烤箱中烘烤15分钟后带模取出，翻面后继续烘烤15分钟。烘烤结束后立即从烤箱中取出，脱模后立着放在冷却架上自然冷却。

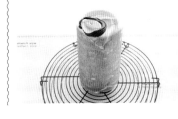

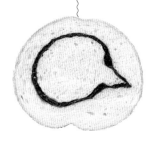

无论你是钟爱喵星人还是钟爱汪星人，都会对"小肉球"痴迷不已，对不对？"小肉球"那无与伦比的触感和小面包新鲜出炉时的柔软，是否有点儿类似？

【材料】

高筋面粉…200g

低筋面粉…50g

黄砂糖…2大勺

干酵母…1小勺

盐…2/3小勺

脱脂奶粉（如果有）…10g

黄油…25g

鸡蛋…1个

温水…90~100g

（鸡蛋与温水合计150g）

着色用

可可粉…3g

热水…适量

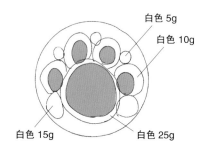

白色 5g
白色 10g
白色 15g
白色 25g

---

1 按照基本面团制作方法的流程，完成一次发酵（**a**）。然后轻轻用手按压排气，揉圆（**b**）。

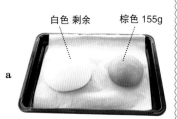

白色 剩余　棕色 155g

a

b

2 分别称量，切割各部分所需的面团，揉圆。

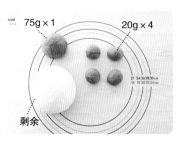

size
75g × 1
20g × 4
剩余

3 从白色面团中分出10g×4个，分别擀成约15cm×4cm的面片。把20g×4个棕色面团分别搓成约15cm长的面棒，包在白色面片里面。然后用手指把接口部分捏实，轻轻滚动揉搓。

---

4 从白色面团中分出25g，擀成约15cm×18cm的面片。把75g棕色面团搓成约15cm长的面棒，包在白色面片里面（**c**）。用手指把接口部分捏实以后，再用手指整形成三角形（**d**）。

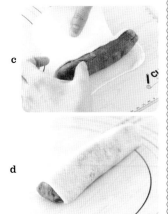

5 从白色面团中取出15g×2个、5g×3个面团，分别搓成约15cm长的面棒。粗一点儿的白色面棒放在**4**的左、右两边（**e**）。然后把**3**摆放在上面（**f**），最后把细一点儿的白色面棒放在中间（**g**）。

6 把剩余的白色面团擀成约15cm×18cm的面片，然后把**5**倒扣放在上面（**h**）。然后从靠近身体一侧提起面片，把**5**包住。最后用手指把接口部分捏实，轻轻滚动揉搓（**i**）。

7 接口部分朝下放进模型中，完成二次发酵。

发酵前

发酵后

8 放入预热到180℃的烤箱中烘烤15分钟后带模取出，翻面后继续烘烤15分钟。烘烤结束后立即从烤箱中取出，脱模后立着放在冷却架上自然冷却。

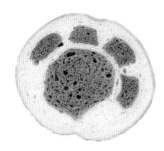

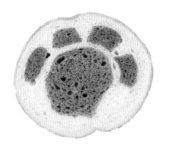

食谱 17
CAR
小汽车

食谱 18
ELECTRIC TRAIN
电车

CAR

圆滚滚的造型是不是格外可爱？装进孩子运动会、冷餐会的便当里，孩子们一定会喜形于色的！小汽车的颜色，就选择孩子们最喜爱的颜色吧！

【材料】

高筋面粉…200g	鸡蛋…1个
低筋面粉…50g	温水…90~100g（鸡蛋
黄砂糖…2大勺	与温水合计150g）
干酵母…1小勺	**着色用**
盐…2/3小勺	甜菜粉…3g
脱脂奶粉（如果有）…10g	南瓜粉…3g
无盐黄油…25g	黑可可粉…1g
	热水…适量

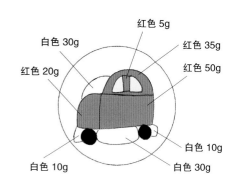

红色 5g
白色 30g
红色 35g
红色 20g
红色 50g
白色 10g
白色 10g
白色 30g

---

1 按照基本面团制作方法的流程，完成一次发酵（**a**）。然后轻轻用手按压排气，揉圆（**b**）。

白色 剩余　黄色 30g

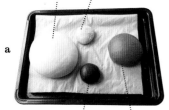

a

黑色 30g　红色 110g

b

---

2 分别称量，切割各部分所需的面团，揉圆。

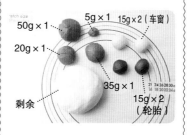

5g × 1　15g × 2（车窗）
50g × 1
20g × 1
剩余
35g × 1
15g × 2
（轮胎）

3 制作车窗。把15g × 2个黄色面团分别搓成约15cm长的面棒。然后把5g红色面团擀成约15cm × 1cm的长条，夹在黄色面棒中间。

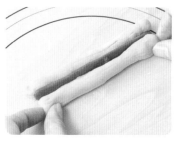

---

4 制作小汽车天棚。把35g红色面团擀成15cm × 5cm的薄片，然后包裹着盖在**3**上面。

5 制作车身。把50g红色面团擀成15cm × 5cm的薄片，放在**4**上面（**c**）。然后用手指把天棚和车身连接的部分用手指捏实（**d**）。

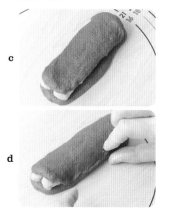

c

d

6 制作车底部。把20g红色面团搓成约15cm长的面棒，紧紧固定在**5**的侧面（**e**）。从白色中分出30g面团，搓成约15cm长的面棒，然后放在车底上面（**f**）。

e

f

7 把**6**倒扣过来，用手指把车底和车身连接的地方捏实。

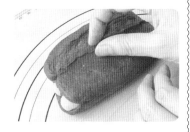

8 制作轮胎。把15g×2个黑色面团分别搓成15cm长的面棒，固定在**7**上。

9 从白色中分出30g面团，搓成约15cm长的面棒。然后放在轮胎与轮胎之间。

10 从白色面团中分出10g×2个，分别搓成15cm长的面棒。然后放在轮胎侧面。

11 把**10**翻扣过来，然后用手把**6**固定好的白棒和**10**固定好的白棒捏在一起。

12 剩余的白色面团擀成约15cm×18cm的面片，然后把**11**翻扣过来，放在**12**的面片上面（**g**），然后从靠近身体一侧提起面片。最后用手指把接口部分捏实，轻轻滚动揉搓（**h**）。

g

h

13 接口部分朝下放进模型中，完成二次发酵。

发酵前

发酵后

14 放入预热到180℃的烤箱中烘烤15分钟后带模取出，翻面后继续烘烤15分钟。烘烤结束后立即从烤箱中取出，脱模后立着放在冷却架上自然冷却。

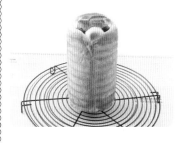

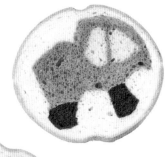

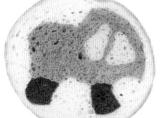

ELECTRIC TRAIN

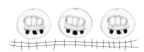

食谱	18	电车	难易度 ★ ★ ★

小男孩儿里面，有汽车粉丝，也有电车粉丝。我家儿子就是电车粉丝。将一枚一枚面包片摆放在盘子里，就好像一节节车厢真的迎面疾驰而来。非常可爱。

【材料】

高筋面粉…200g	鸡蛋…1个
低筋面粉…50g	温水…90~100g
黄砂糖…2大勺	（鸡蛋与温水合计150g）
干酵母…1小勺	**着色用**
盐…2/3小勺	菠菜粉…1g
脱脂奶粉…10g	南瓜粉…2g
无盐黄油…25g	黑可可粉…1g
	热水…适量

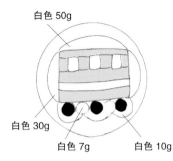

白色 50g
白色 30g
白色 7g
白色 10g

---

1 按照基本面团制作方法的流程，完成一次发酵（**a**）。然后轻轻用手按压排气，揉圆（**b**）。

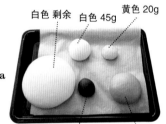

白色 剩余　白色 45g　黄色 20g
黑色 21g　绿色 80g

2 分别称量，切割各部分所需的面团，揉圆。

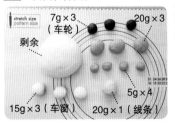

stretch size
pattern size
7g×3（车轮）　20g×3
剩余
15g×3（车窗）　20g×1（线条）　5g×4

---

3 取绿色面团20g×2个、黄色面团20g×1个，分别擀成约15cm×5cm的面片，按照绿色、黄色、绿色的顺序叠在一起。用擀面杖整理形状，稍微擀压。

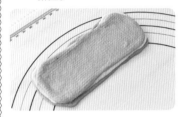

4 取白色15g×3个面团，分别搓成约15cm长的面棒（**c**）。然后把5g×2个绿色面团分别擀成约15cm×1cm的面片，夹在白色面棒中间。最后放在**3**上面（**d**）。

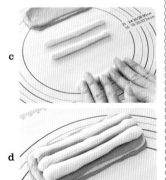

c

d

---

5 把5g×2个绿色面团分别搓成15cm长的面棒，用指尖稍微压扁（**e**）。然后固定在**4**的白色面棒侧面（**f**）。

e

f

6 把20g绿色面团擀成约15cm×5cm的面片，放在**5**上面。用手指轻轻捏一捏角部，整形出边缘线条。

7 取7g×3个黑色面团、7g×2个白色面团（从剩余的白色面团中分割），分别搓成约15cm长的面棒。把**6**的车身翻扣过来后，黑色/白色面棒交替着摆放在上面。可以先有间隔地把黑色面棒摆上去，然后白色面棒填补在中间。最后用手指轻轻按压白色部分。

8 把10g×3个白色面团分别擀成15cm×2cm的面片，覆盖在黑色（轮胎）上面。

9 从剩余的白色面团中分出30g×2个，分别擀成约15cm×3cm的面片。然后固定在**8**的左、右两面（**g**）。再分出50g白色面团，擀成约15cm×7cm的面片，倒扣过来盖在车身（**h**）的上面（**i**）。

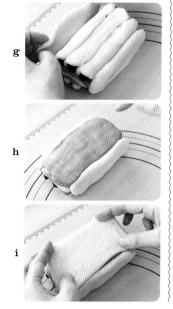

g

h

i

10 用手指按压，整形出边缘线条。

11 把剩余的白色面团擀成约15cm×18cm的面片，把**10**翻扣过来放在上面（**j**），然后从靠近身体一侧提起面片。最后用手指把接口部分捏实（**k**），轻轻滚动揉搓（**l**）。

j

k

l

12 接口部分朝下放进模型中，完成二次发酵。

发酵前

发酵后

13 放入预热到180℃的烤箱中烘烤15分钟后带模取出，翻面后继续烘烤15分钟。烘烤结束后立即从烤箱中取出，脱模后立着放在冷却架上自然冷却。

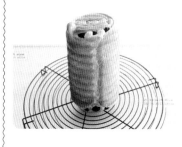

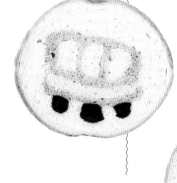

Q1 均匀擀开面团的窍门是什么？我操作的时候，总是会在中间断开，擀开以后也会缩小，怎么也擀不好。

A1 中间断开是因为面团揉的筋度不够。缩小是因为面团松弛有问题。

如果面团在中间断开，恐怕是因为揉面的筋度不够。如果想提前确认面团被擀成薄片后会不会缩小，可以提前用手指按压面团，看看手印是否反弹。如果面团被擀开以后还会缩小，则是因为面团太硬，可适当增加松弛时间。

Q2 我也想把孩子的图画做成图案面包！怎样才能像您一样，表现得如此活灵活现呢？

A2 尽量选择简约派的图案吧。

本书中的图案都很简单，因此很容易制作出来。请别忘了，体现交叉线条的图案往往很复杂。本着这个概念来选择孩子的画作吧。尝试几次以后，就能发现其中的奥妙。而且即使跟孩子的画作不完全相同，我相信小朋友也一定会很开心！

Q3 一次发酵和二次发酵之间，不需要留出等待时间吗？

A3 在整形过程中让面团略作休息。

一般的面包制作工艺，需要经过一次发酵→松弛时间→整形→发酵的过程。但是图案面包就不需要中间的松弛时间。因为与普通面包相比，整形过程需要的时间更多。这段时间里，面团能够得到充分的休息，所以并不需要留出额外的松弛时间。

Q4 手里没有"筒形车轮模"，可以用其他模型来代替吗？

A4 只要有图案，其他模型也可以。

本书中的食谱，都是使用筒形车轮模（约200mm×108mm×95mm）。因为我们设定的前提，就是烤出圆形的面包。如果您原本就想烘焙方形面包片，或者要利用家用面包机来烤面包，那构想就不一样了。所以例如斑马纹、豹纹等图案面包，当然也可以用其他的模型。但当您使用其他模型的时候，请根据实际模型的大小来调整整体面粉材料的分量。但是图案部分的分量与本书相同即可。

Q5 如果不能马上吃完，应该如何保存呢？

A5 包上保鲜膜+装进保鲜袋，然后放入冰箱冷冻保存。

新鲜出炉的面包应该放在冷却架上自然冷却，然后切成合适的厚度。分别用保鲜膜包起来、装入保鲜袋以后，可以冷冻保存。食用之前直接放进吐司机加热即可。别忘了要在2周内吃掉。

Q6 如果要用到很多颜色，发酵时间一定会有差距。这会影响烘焙出炉的效果吗？

A6 不要在意时间，但请尽快完成。

基本面团完成以后，需要从中分割出小面团进行颜色处理。有效利用家用面包机能缩短操作时间。我也会在同时完成多种颜色处理的时候或者分量很多的时候用到面包机。如果量少，则完全可以利用手来着色。发酵时间略有差距也没关系。

用家用面包机的揉面功能来着色

Seasonal

Part

05

季节
系列图案面包

本章介绍的图案，非常适合情人节或圣诞节。
这些面包一定会成为聚会中的人气面包。

圣诞老人（圣诞节）
SANTA CLAUS
制作方法 **P.92**

爱心（情人节）
HEART
制作方法 **P.90**

食谱 19
HEART
爱心（情人节）

食谱 20
SANTA CLAUS
圣诞老人（圣诞节）

HEART

情人节的时候可以用图案面包的面包片（制作方法请参考P.42）做礼物。蘸一点巧克力，就更有情人节风味了。送朋友也很好，送男朋友也不错！

【材料】

高筋面粉…200g
低筋面粉…50g
黄砂糖…2大勺
干酵母…1小勺
盐…2/3小勺
脱脂奶粉（如果有）…10g
无盐黄油…25g

鸡蛋…1个
温水…90~100g
（鸡蛋与温水合计150g）
着色用
甜菜粉…3g
热水…适量

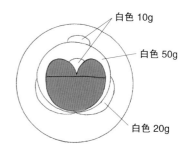

白色 10g
白色 50g
白色 20g

---

1 按照基本面团制作方法的流程，完成一次发酵（**a**）。然后轻轻用手按压排气，揉圆（**b**）。

白色 剩余   红色 100g

a

b

2 分别称量，切割各部分所需的面团，揉圆。

剩余

40g×1   30g×2

3 取红色面团40g×1个、30g×2个，分别搓成约15cm长的面棒。

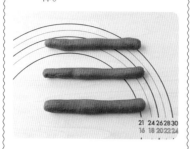

4 把两根略细的红色面棒放在粗一点儿的红色面棒上面。

5 从白色面团里分出10g×2个，分别搓成15cm长的面棒。把其中一根白色面棒放在略细的红色面棒之间（**c**），用切面刀压进去（**d**）。

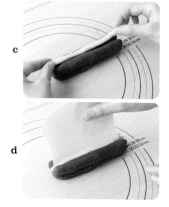

c

d

---

6 把**5**倒扣过来，用手指把略细的红色面棒和略粗的红色面棒捏在一起，然后整形成心形。

7 从白色面团中分出50g，擀成约15cm×10cm的面片。把**6**翻扣过来后，摆放在上面（**e**），并用手指捏实。在接口处上面，放一根**5**中做好的白色面棒，然后用手指轻轻按压。

e

f

8 把**7**倒扣过来。从白色面团中分出20g×2个，分别擀成15cm×3cm的面片后固定在左、右两侧（**g**）。用手轻揉接口处，压实（**h**）。

g
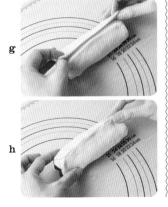

h

9 把剩余的白色面团擀成约15cm×18cm的面片，然后把**8**倒扣着放在上面。从靠近身体一侧提起面片包住**8**（**i**），用手指把接口部分捏实，轻轻滚动揉搓（**j**）。

i

j

10 接口部分朝下放进模型中，完成二次发酵。

发酵前

发酵后

11 放入预热到180℃的烤箱中烘烤15分钟后带模取出，翻面后继续烘烤15分钟。烘烤结束后立即从烤箱中取出，脱模后立着放在冷却架上自然冷却。

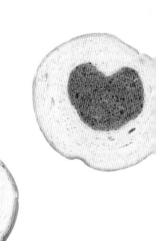

SANTA ☆ CLAUS

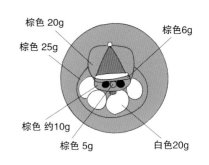

| 食谱 | 20 | 圣诞老人（圣诞节） | 难易度 ★ ★ ★ |

可以把圣诞餐桌装点得华丽优雅、气氛热烈的，就是表情略显呆萌、让人忍俊不禁的圣诞老人了！这款图案制作工艺比较冗长，适合进阶者尝试，但为了家人的笑脸也值得初学者尝试哦。

【材料】

高筋面粉…200g
低筋面粉…50g
黄砂糖…2大勺
干酵母…1小勺
盐…2/3小勺
脱脂奶粉（如果有）…10g
无盐黄油…25g

鸡蛋…1个
温水…90~100g
（鸡蛋与温水合计150g）

着色用
可可粉…1.6g
甜菜粉…1g
黑可可粉…0.2g
热水…适量

棕色 20g
棕色6g
棕色 25g
棕色 约10g
棕色 5g
白色20g

---

1 按照基本面团制作方法的流程，完成一次发酵（**a**）。然后轻轻用手按压排气，揉圆（**b**）。

白色 100g
黑色 6g
红色 31g
棕色 剩余

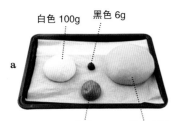

2 分别称量，切割各部分所需的面团，揉圆。

剩余
★30g×1（面孔）
80g×1（胡须）
15g×1（帽子两翼）
5g×1（帽子前端）
30g×1（帽子）
1g×1（鼻子）
1.5g×2

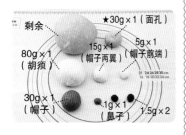

---

3 制作帽子前端。取5g白色面团，搓成约15cm长的面棒。

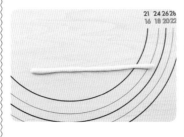

4 制作帽子。把30g红色面团搓成约15cm长的面棒，用手指整形成三角形（**c**）。从剩余的棕色面团中分出20g×2个，分别搓成15cm长的面棒以后，固定在帽子的左、右两侧（**d**）。

c

d

---

5 把**3**放在**4**上面，让白色面棒和棕色面团连接在一起。

6 制作帽子的两翼。把15g白色面团擀成约15cm×5cm的面片。然后倒扣过来，放在**5**的上面。

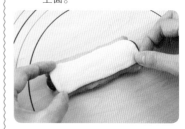

7 制作额头。从棕色面团中分出6g，擀成约15cm×5cm的面片，放在**6**上面。

8 从白色面团中分出50g，擀成约15cm×10cm的面片。把**6**翻扣过来后，摆放在上面（**e**），并用手指捏实。在接口处上面，放一根**5**中做好的白色面棒，然后用手指轻轻按压。把**7**倒扣过来。从白色面团中分出20g×2个，分别擀成15cm×3cm的面片后固定在左、右两侧（**f**）。用手轻揉接口处压实（**g**）。

e

f
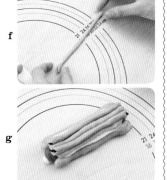

g
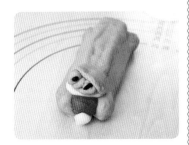

9 把剩余的棕色面团（约10g）擀成约15cm×10cm的面片，放在**8**上面。然后与**4**的棕色面团（**d**）连接在一起。

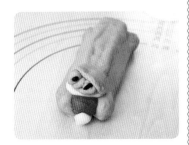

10 制作鼻子。从红色面团中分出1g，搓成15cm长的面棒，放在**9**上面。

11 制作胡须。从白色面团中分出80g，分为20g×4个。分别搓成15cm长的面棒，排列在**10**上面。

12 从棕色面团中分出25g，擀成约15cm×10cm的面片，然后覆盖在胡须上面。

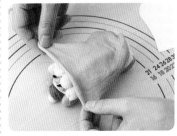

13 用切面刀在胡须部位划出纹理。

14 把剩余的棕色面团擀成约15cm×18cm的面片，然后把**13**放在上面。从靠近身体一侧提起面片包住**13**（**h**），用手指把接口部分捏实，轻轻滚动揉搓（**i**）。

h

i

15 接口部分朝下放进模型中，完成二次发酵。

发酵前

发酵后

16 放入预热到180℃的烤箱中烘烤15分钟带模取出，翻面后继续烘烤15分钟。烘烤结束后立即从烤箱中取出，脱模后立着放在冷却架上自然冷却。

其他图案

这里有一些未在本书中介绍的图案。

梅雨时节里儿子手绘的紫阳花。我非常喜爱的一幅画。

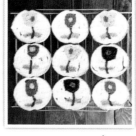

改变配色，重现缤纷艳丽的花朵。

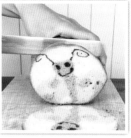

可爱的笑脸和滑稽的姿态，都源自看到儿子随笔时的灵光一现。

模特就是朋友家的宠物狗。把这款面包送给朋友做礼物，大获成功。

送给我经常光顾的美容院。剪刀图案的面包片。

万圣节时创作的南瓜灯面包。

放在餐盘里就是一个经典画面。刀叉图案的面包片。

2016年年初时创意的猴年图案面包。

吃的时候会禁不住放在手腕上比量一下的手表面包。

篇尾语

感谢您一直阅读到这里。接触到图案面包的世界，您的感想如何？

图案面包的出炉状态，偶尔会因为季节或气候的交替而发生变化。虽说这是难以掌握的地方，但也正是令人痴迷其中的理由——就连我也一直都觉得奥妙无穷呢。

图案面包需要您发挥出全部的想象力，一边想象着成品的模样，一边把各种材料组合在一起。这个过程很像捏橡皮泥的游戏，也是一项精巧的工作。因此，在制作图案面包时，有制作普通面包时感受不到的乐趣。

因为出炉之后、切开之前，谁也不知道究竟会是什么样子。这短短时间里的心跳和小兴奋，也令人痴迷。

说一千道一万，其实最让人感到欣喜的，就是看到图案面包的人展现出来的笑脸。

能让制作的人、得到的人、品尝的人都感受到幸福的图案面包。由衷地希望通过这本书，能让更多的人学会制作图案面包的方法。

最后，试做、试做，周而复始。这个夏季里的每一天都在从早到晚不停制作图案面包。感谢我身边每一位支持过我的家人、朋友，以及参与本书编写的同事。

最后，对每一位因为图案面包被连接在一起的读者，衷心致谢。

Ran

一个小男孩儿的妈妈。经营着一家格调淳朴、旨在"快乐地烘焙出美味又可爱的面包"的面包教室——"Konel"。最初，只是把儿子的画做成了面包。后来，却成了网络红人。

谢谢！

图书在版编目（CIP）数据

超可爱图案面包 /（日）Ran著；王春梅译. —沈阳：辽宁科学技术出版社，2018.6

ISBN 978−7−5591−0711−4

Ⅰ.①超… Ⅱ.①R… ②王… Ⅲ.①面包—制作

Ⅳ.①TS213.2

中国版本图书馆CIP数据核字（2018）第076334号

出版发行：辽宁科学技术出版社
　　　　　（地址：沈阳市和平区十一纬路 25 号　邮编：110003）
印 刷 者：辽宁新华印务有限公司
经 销 者：各地新华书店
幅面尺寸：170mm×240mm
印　　张：6
字　　数：200 千字
出版时间：2018 年 6 月第 1 版
印刷时间：2018 年 6 月第 1 次印刷
责任编辑：康　倩
封面设计：魔杰设计
版式设计：袁　舒
责任校对：徐　跃

书　　号：ISBN 978−7−5591−0711−4
定　　价：28.00 元

投稿热线：024-23284367　987642119@qq.com　　联系人：康倩
邮购热线：024-23284502